# けったいな生きもの おもろい虫

マイケル・ウォレック ／ 北村雄一 訳

化学同人

## 写真クレジット

すべての写真は Nature Picture Library 提供．写真家は以下のとおり．

page 6, カバー © Chris Mattison; page 7 © Kim Taylor; page 8 © Alex Hyde; page 9 © Kim Taylor; page 10 © MYN / Niall Benvie; page 11 © Chris Mattison; page 12 © MYN / Seth Patterson; page 13 © MYN / Niall Benvie; page 14, カバー裏 © Alex Hyde; page 15 © Chris Mattison; page 16 © ARCO; page 17 © John Abbott; page 18 © Kim Taylor; page 19 © Kim Taylor; page 20 © MYN / Clay Bolt; page 21 © Chris Mattison; page 22 © John Abbott; page 23 © Nature Production; page 24 © Alex Hyde; page 25 © MYN / Clay Bolt; page 26 © MYN / Marko Masterl; page 27 © Chris Mattison; page 28 © Kim Taylor; page 29 © MYN / Niall Benvie; page 30 © Nick Garbutt; page 31 © ARCO; page 32 © Kim Taylor; page 33 © Mark Bowler; page 34 © MYN / Mac Stone; page 35 © Kim Taylor; page 36 © MYN / Seth Patterson; page 37 © Chris Mattison; page 38 © MYN / John Tiddy; page 39 © John Abbott; page 40 © Alex Hyde; page 41 © Chris Mattison; page 42 © MYN / Joris van Alphen; page 43 © Chris Mattison; page 44 © Alex Hyde; page 45 © MYN / Piotr Naskrecki; page 46–47 © Alex Hyde; page 48 © Alex Hyde; page 49 © MYN / Piotr Naskrecki; page 50 © Alex Hyde; page 51 © Alex Hyde; page 52–53 © Kim Taylor; page 54 © Alex Hyde; page 55 © Alex Hyde; page 56 © MYN / Paul Harcourt Davies; page 57 © Wild Wonders of Europe / Benvie; page 58 © Alex Hyde; page 59 © MYN / Brady Beck; page 60 © Alex Hyde; page 61, © Chris Mattison; page 62 © John Abbott; page 63 © Kim Taylor; page 64 © Kim Taylor; page 65 © Kim Taylor.

もくじ写真は © Brian Chase / Shutterstock．

# WEIRD INSECTS
## by Michael Worek
### Copyright © 2013 Firefly Books Ltd.

Published by arrangement with Firefly Books Ltd., Richmond Hill, Ontario Canada through Tuttle-Mori Agency, Inc., Tokyo

# はじめに

　虫、つまり昆虫は、地球上でいちばん数が多い生き物です。種類も多くて、全部の種類を数え上げたら100万種以上になるでしょう。たくさんいるだけでなく、昆虫は、本当にさまざまで、とても興味深く、ときにはヘンテコです。びっくりするほど色あざやかでヘンテコな昆虫たちの多くは、世界で最も暖かい場所である赤道地帯にすんでいます。しかし、世界中のどんな場所だって、おもしろい昆虫を見つけることはできます。

　昆虫をひとことで言うと、「3対の足をもつ生き物」です。そして、体が3つの部分からできているのも特徴です。頭部、胸部、そして腹部です。さらには、1対の触角と、あごをもつ生き物でもあります。

　まず頭部を説明しましょう。昆虫の頭部には、触角と口と眼がついています。いくつかの昆虫の口は、花のみつを吸うために管のようになっています。これは「吻管」といい、液体を吸い上げるのに向いています。物をかむようにできた口をもつ昆虫もいます。2本の触角は、音やにおいやを振動を感じることにも使われます。昆虫の目には、複眼と個眼があります。複眼は大きな眼で、まわりの様子を知るために小さなレンズがずらりと並んでできています。一方、個眼はもっと単純で小さく、レンズも1つしかありません。ほとんどの昆虫は複眼と個眼の両方をもっています。

　胸部は、昆虫の体の中ほどの部分です。昆虫の足とはねは胸部についています。人間のあし（脚）は、太もも、すね、足、指という4つの部分からできていますが、昆虫の足は5つの節からできています。足はそれぞれのすみかにあった形になっているので、自在に歩き回れます。はねも、本当にいろいろな形があり、大きさも種類によってまるでちがっています。使い方に合わせて、はねの形が変わってきたのです。

　そして、昆虫の体の後ろの部分を腹部といいます。腹部には胃や腸があり、子どもをうむための器官や腺もあります。腺というのは、なわばりを主張するときや、結婚相手を呼び寄せるときに使うかおりを出す器官です。

　この本で取り上げる昆虫たちは、知られている昆虫のほんのひとにぎりでしかありません。でも、このほんのひとにぎりからでも、昆虫の多様性を十分に知ることができます。この本を読んだみなさんは、きっと、身のまわりにいる昆虫たちを観察したくなることでしょう。

# もくじ

ユウレイヒレアシナナフシ　6

クリシギゾウムシのなかま　7

オオルリハムシのなかま　8

ツツハムシのなかま　9

シロジュウロクホシテントウ　10

ゾウムシのなかま　11

カメノコハムシのなかま　12

アオカメノコハムシ　13

アカスジカメムシのなかま　14

オオカメムシのなかま　15

ルリハムシのなかま　16

ニジイロダイコクコガネのなかま　17

キンカメムシのなかま　18

ナガメのなかま　19

カメムシの赤ちゃん　20

オオカメムシのなかま　21

ティティウスシロカブト　22

カブトムシ　23

ハンミョウのなかま　24

ムツモンミドリハンミョウ　25

クチブトゾウムシのなかま　26

キリンオトシブミ　27

カミキリムシのなかま　28

キムネカミキリモドキのなかま　29

バイオリンムシ　30

フタモンホシカメムシのなかま　31

ブルドッグアリ　32

ハキリアリのなかま　33

アリバチのなかま　34

ドロバチのなかま　35

ツノアオカメムシのなかま　36

キリギリスのなかま　37

クシヒゲムシのなかま　38

コブゴミムシダマシのなかま　39

オドロハナカマキリ（アフリカメダマカマキリ）　40

ビワハゴロモのなかま　41

キエリアブラゼミ　42

ヤンガ属のセミ　43

ヒナバッタ　44

キリギリスのなかま　45

カマキリのなかま　46

サカダチコノハナナフシ　48

ツノゼミのなかま　49

スズメバチのなかま　50

リンネセイボウ　51

ヤママユガのなかまの幼虫　52

ヨーロッパメンガタスズメの幼虫　54

ベニスズメの幼虫　55

ウスバカゲロウのなかま（アリジゴクの成虫）　56

キバネツノトンボのなかま　57

スグリシロエダシャクの幼虫　58

アメリカのヤママユガの幼虫　59

マダガスカルのヤママユガの幼虫　60

サンヨウベニボタルのなかまの幼虫　61

シリアゲムシのなかま　62

ホソガガンボのなかま　63

新世界のヘビトンボ（クロロニア属）　64

新世界のヘビトンボ（コリダルス属）　65

# ユウレイヒレアシナナフシ
*Extatosoma tiaratum*

あたいはオーストラリア生まれ。だけど、**ゆうれいみたいでおもしろいからって、世界中でペットになってるのよ**。体の長さは 20 センチ。**この痛そうなトゲトゲで身を守ってるわ**。あたいは飛べないけど、オスは飛べる。そのかわりオスにはトゲがないから、枝や葉にまぎれて身を守ってるみたい。あと、あたいは卵をうむとき、おしりをふって地面にばらまくのよ。すごいでしょ。かわいい赤ちゃんが生まれてくるのに 4 ヶ月かかるけど、楽しみだわ！

### **クリシギゾウムシのなかま**

*Curculio nucum*

ヘーゼルナッツはお好き？ ほら、おかしに使われてる木の実のことよ。わたしはヘーゼルナッツの実に卵をうむの。ヘーゼルナッツはドングリみたいに固い殻（から）でおおわれてるけどだいじょうぶ。**長い口の先っちょにある強力なあごでガリガリかじっちゃうわ**。そして小さな穴をあけて、卵をうみつけちゃうってわけ。生まれた赤ちゃんはヘーゼルナッツの中身を食べちゃうのよ。わたしの大きさは6ミリくらいね。

# オオルリハムシのなかま

*Chrysolina americana*

どう？　金属のようにピカピカしてきれいだろ。青とオレンジのしましまもおしゃれだろ？　**ぼくはローズマリーとラベンダーとタイムしか食べない**。どれも料理の味つけに使うハーブだぜ。味にはうるさいのさ。英語では「**ローズマリー・ビートル**」っていわれてる。大きさは8ミリくらい。困ったことに、すんでるのはヨーロッパなのに、学名はクリソリナ・アメリカーナなんだ。アメリカから来たとかんちがいされちゃったみたい。

### ツツハムシのなかま

*Cryptocephalus* sp.

葉っぱを食べてるハムシでっせ。大きさは7ミリくらいやな。母ちゃんが卵をうむときに、**フンで筒みたいな固い入れ物をこしらえて、その中に卵を1つうむんや**。赤んぼうは、この入れ物で敵から身を守る。フンさまさまや。赤んぼうは葉っぱを食べられるぎりぎりの小っちゃい穴だけあける。かしこいやろ。そんで大きくなるにつれて、入れ物に自分のフンを足して大きくしていくんや。そうやって**2年間もフンの入れ物で過ごすんやで**。

### シロジュウロクホシテントウ
*Halyzia sedecimguttata*

みんなが知ってるテントウムシって、赤い背中に黒い点があって、アブラムシを食べたりしてるよね。でも、テントウムシは種類によって、大きさも、色も、食べるものもいろいろなんだよ。たとえばボクは5ミリくらいで、**背中に16個の白い点があるよ**。オレンジ色だから、英語では「オレンジのテントウムシ」って呼ばれてる。それからボクは、**植物につく「うどん粉病菌」っていう粉っぽい姿をしたカビのなかまを食べるんだ**。日本からヨーロッパまで広くすんでるよ。

## ゾウムシのなかま
Curculionidae

おれたちゾウムシは、**ながーい口の先にあるあごでガリガリかじって、ドングリみたいな固い実にも穴をあけちゃうぞー**。木綿のもとになるワタという植物があるよねー。ワタミゾウムシのようにワタを食べて大被害をもたらす種類もいるんだぞー。赤ちゃんも植物を食べるぞー。たいていは植物の中を食い進むけれど、地面に穴をほって、根っこを食べるヤツもいるぞー。

## カメノコハムシのなかま
*Coptocycla texana*

名前のとおり、カメみたいな甲羅があるでちょ。**いたずらされると、うずくまって、この甲羅の下に頭や足をかくすんだい**。大きさは 8.5 ミリくらいっちゃ。ぼくたちカメノコハムシのなかまは**ピカピカなヤツが多いよ**。オレンジから金色に色を変えることができるヤツもいるっちゃ。でも、死ぬとあっという間に色がくすんじゃう……。ぼくはアナクアっていう木にすんでいるけど、ぼくのなかまはアメリカのあちこちで見ることができるっちゃ。

# アオカメノコハムシ
*Cassida rubiginosa*

小っちゃいカメってよくいわれまーす。大きさは8ミリほどでーす．**テカテカの緑の体の下に足が見えるでしょー**。冬の間は木の皮や落ち葉の下にかくれていますが、春が来ると食べ物と結婚(けっこん)相手を求めて出てきまーす。大好物はアザミの葉っぱでーす。幼虫は体がひらべったくて、体のまわりがトゲだらけ。おしりに自分のフンをくっつけて、かさみたいに体の上にかざして身を守るんでーす。おもしろいでしょー。

### アカスジカメムシのなかま
*Graphosoma lineatum*

ど派手な色がイカしてるだろ。おれたちは背中がカメみたいだからカメムシってよばれてる。大きさは１センチほど。おれは植物の汁を吸う。キョーレツな味の草が好きだぜ。そのせいかは知らねえけど、においもキョーレツだぜ。**ど派手な色をしているのは、敵に「おれはくさいぞ、どっかへいけ！」と警告してるのさ**。おれは、暖かいところが好きなので、ヨーロッパの南のほうにいるぜ。

## オオカメムシのなかま
*Pygoplatys* sp.

**背中が盾みたいじゃろ**。わがはいは英語で「シールドバグ（盾のようなカメムシ）」といわれとる。東南アジアにいるぞ。大きさは1〜2センチ。頭の後ろに2本の大きな角があって、これで敵から身を守るのじゃ。さらに、とってもくさい化学物質をたくわえていて、危険を感じると、敵に向かって噴射するぞ。母さんたちは、卵から生まれた赤ちゃんがひとりで暮らせるようになるまで、赤ちゃんたちを持ち運んでお世話するのじゃ。

# ルリハムシのなかま
*Chrysolina fastuosa*

緑とオレンジにピカピカ光ってきれいでしょ。大きさは5ミリくらい。好物はヒメオドリコソウの花。ヒメオドリコソウはどんどん増える雑草なんだ。だからおいらは、**雑草を取り除こうと考えた研究者に注目されたこともあるよ**。ヒメオドリコソウは英語で「人をさす草」というけど、じつは毛深いだけのやわらかい草だからケガをする心配はないよ。

### ニジイロダイコクコガネのなかま
*Phanaeus difformis*

わしは「にじ色のフンコロガシ」と呼ばれておる。大きさは2センチほど、フン。**わしらはフンを転がして運び、フンの中で育つ**、フン。わしはオスだから長い角がある。いま、わしは触角（しょっかく）を広げ、食べ物のにおいをフンフンとかいでいるところじゃ、フン。わしらは夫婦になると、2ひきで協力して穴をほる。そこに動物のフンを丸めてうめて、卵をうみつける、フン。卵から出てきた赤ちゃんは、このフンを食べて成長するというわけじゃ、フン。

17

# キンカメムシのなかま
***Calidea dregii***

ぼくは盾みたいな背中をもつカメムシさ。大きさは1.5センチくらい。肩の部分が板のように伸びてるから、はねが見えないでしょ。**この板はとても固くて、はねを守ってるんだ**。それから、前足と中足の間からくさい汁を出して敵を追っぱらうんだぞ。ぼくはアフリカにいて、「青いカメムシ」ともよばれてる。見てのとおり、青っぽくピカピカ光ってるからさ。どうだい。

### ナガメのなかま
*Eurydema oleracea*

「ナガメ」っちゅうのは「ナタネ（アブラナ）を食べるカメムシ」という意味だべ。アブラナやそのなかまのキャベツなんかを食べるべ。**せっかくできかけたタネにするどい口をつきさし、汁を吸ってダメにしてしまうから、害虫っていわれるべ**。大きさは7ミリほど。おらはヨーロッパにすんでるけど、カメムシは全世界のいたるところにいて、いろんな農作物をダメにしちゃうべ。ほかの害虫を食べたりするので、人間の役に立つこともあるんだけどな。

## カメムシの赤ちゃん
Pentatomidae

カメムシの赤ちゃんでしゅ。すごい色でしょ。こわい敵に「ぼくたちはまずいよー」って教えるためでしゅ。**はねが小さくて、お腹が丸見えだから、すぐに赤ちゃんってわかっちゃう**。お腹の黒いところからくさい汁を出すんでしゅ。ぼくたちは数週間で大人になりましゅ。大きくなるとはねがのびて、お腹が見えなくなりましゅ。ママたちは1年に2回か3回、卵をうみましゅ。

### オオカメムシのなかま
*Pycanum rubens*

わたしも赤ちゃん。ピンクだから、葉っぱの上にいると、ぽつんとめだちまちゅ。英語だと「ピンクのくさい虫」ってよばれてるでちゅ。その名のとおり、わたしをかみつぶしたり飲みこんだりすると、それはもうたいへん。**ピンクの派手な色は、「わたしを食べたらひどい目にあうぞ！」と敵に伝えてまちゅ。**大人になると3センチくらいになって、色は緑になるでちゅ。

# ティティウスシロカブト
*Dynastes tityus*

おれはオス。体長は6センチ。**自分の体重の800倍の物を持ち上げることができるんだぜ**。自分の何倍の物を動かせるかで比べたら、地球でいちばんの力持ちだろうぜ。北アメリカでいちばん体重の重い虫でもあるぜ。どうだ、すごいだろ。角があるのはおれたちオスだけで、ライバルのオスと戦うときに使う。なわばりを守るためだぜ。おれたちは、幼虫で2年間過ごしてから大人になるぜ。

## カブトムシ

*Allomyrina dichotoma*

わがはいのことはよく知っておるな。5〜6センチの体を鎧で包んだ日本のカブトムシじゃ。これは飛んでいるところで、**固い前ばねを広げ、たたんでいた後ろばねで羽ばたいておるぞ**。わがはいたちは、一生の大部分を土の中で過ごすのじゃ。大人になると地面の下から出てきて、結婚相手を求める。でも、数ヶ月しか生きられぬのじゃ。結婚シーズンの間ずっと、オスは大きな角でほかのオスと戦うぞ。

### ハンミョウのなかま
*Cicindela hybrida*

おれはハンター。大きな目でえものを見つける。待ちぶせなんてせず、自まんの速い足でえものをつかまえるぜ。**走って、つかまえて、するどいきばでパクリさ**。体は1.5センチほどだけど、もしおれが人間と同じ大きさだったら、世界でいちばん足の速い人より22倍も速く走れるぜ。おれたちは明るい砂地が好き。1日でいちばん太陽が高くて暑い時間に動き回るのさ。ガハハ。

## ムツモンミドリハンミョウ
*Cicindela sexguttata*

いつもひとりぼっち。誰かといっしょは結婚(けっこん)シーズンだけ。地面に穴をほって卵をうみ、土をかぶせる。生まれた幼虫はさらに土をほり、穴の中で1年過ごすの。地面すれすれの場所に頭を置いて、えものが通りかかるとつかまえるのよ。大人になると1.2センチほどになる．**昼間は狩(か)りをして、夜になると自分が育った穴にもどる生活**。さびしくなんかないわ。

## クチブトゾウムシのなかま
**Otiorhynchus gemmatus**

おれはヨーロッパのゾウムシ。9ミリほどある。黒い体はうろこみたいなものでおおわれ、足にはオレンジ色の毛があるのがわかるか？　赤ちゃんは植物の根を食べるが、大人は花や葉っぱに小さな穴をあけてかじる。それより何より、おれはとっても固いぞ。ふつう、ゾウムシの固い前ばねは、カブトムシみたいに左右に開くんだ。でも、**おれの前ばねはくっついて鎧になっている**。だから敵の攻げきにもびくともしないんだ。空は飛べないがな…

### キリンオトシブミ
*Trachelophorus giraffa*

キリンのようにながーい首。すごーいでしょ。**首がながーいのはオスだけで、メスの2倍から3倍ありまーす**。大きさも、オスは 2.5 センチ、メスは 1.5 センチ。オスは結婚の時期になると、このながーい首でほかのオスと戦うのでーす。ぼくらを「オトシブミ」と呼ぶのは、丸めた葉っぱの中にメスが卵を包むからなのだー。その様子が、紙を丸めたオトシブミっていう手紙に似ていることから、この名がつきましたー。ぼくらはマダガスカル島だけにすんでまーす。

# カミキリムシのなかま
Cerambycidae

**ぼくらの触角は体よりも長くなるときがあるっす**。だから英語では「長い角の甲虫」と呼ばれるっす。メスは木の皮の下に卵をうむっす。ぼくらの赤ちゃんは英語で「木をほる丸頭な棍棒」っていうけど、それは、棍棒みたいな姿で木の中で穴をほるからっす。種類によっては大人になるまで何年もかかるっす。大人になると、樹液や花粉や花のみつを食べるっす。よろしくっす。

### キムネカミキリモドキのなかま
*Oedemera nobilis*

おらは花粉だけを食べて生活してるずら。体は1センチほど。**長い触角、ふくらんだ太もも、体はピカピカの緑色**。ちょっと変わってるずら？ 母ちゃんたちは、卵を樹皮の下にうみつけるけど、生まれた赤んぼうは落っこちて、下にあるくさった木や葉っぱを食べるずら。大人は体の中に毒をもっている。これが人間につくと、水ぶくれができたりするから注意ずらよ。

29

# バイオリンムシ
*Mormolyce phyllodes*

わたくしの体、**楽器のバイオリンに似てるざましょ**。体を守る固い前ばねが大きくなっているざます。大きさは7センチくらいざます。わたくしは、キノコのなかまサルノコシカケのすき間で生活するので、平らな体がちょうとよいざます。サルノコシカケは平らなキノコが何枚も重なったような形をしていて、枯れ木に生えるざます。わたくしは、酸を敵にふきつけることができるざます。やられた相手は動けなくなるざますよ。ホホホホ。

30

## フタモンホシカメムシのなかま
*Pyrrhocoris apterus*

熱いだろ！　この赤と黒にくっきり分かれた姿。英語では「火のカメムシ」っていうんだぜ。ど派手なオレ様はヨーロッパ生まれ。でも最近、北アメリカに入りこんだぜ。卵から赤ちゃんが出てくるまでに10〜14日。赤ちゃんは2〜3週間で1センチほどの大人になるからよろしくたのむぜ。オレ様は、体の両側にある穴からくっさーいにおいを出して身を守るぜ。ほかのカメムシと同じように、ストローみたいな口で飯を食うぜ。

# ブルドッグアリ

*Myrmecia* sp.

ガオー、あたいは目がよくて、凶暴で、大きくて、毒針があるという、おっかないアリだぞー。3センチくらいあって、**かむ力が強いうえに、おこるとすぐにかみつくからな**。あたいの毒針に刺されると、アレルギー反応が起きて、人間でも死んでしまうことがあるぞー。オーストラリアにはあたいのなかまが90種類もいる。赤ちゃんは大人が持ってきた虫を食べるんだが、大人は果物や花のみつなどを食べるんだな。何か文句あるか！

## ハキリアリのなかま
*Atta* sp.

わたしたちは、葉っぱを切り取って巣に持ち帰ります。**この葉っぱでキノコを育て、そのキノコで自分たちの赤ちゃんを育てるんです**。巣にはなかまが800万もいて、人間みたいな複雑な社会を作っています。大きさも3ミリから3センチまでいろいろです。えーっと、葉っぱの上にいる小さなアリがわたしです。葉っぱを運んでいるアリさんは、寄生バエにねらわれるんです。このハエにおそわれたらアリは死んでしまいます。その寄生バエを追いはらうのが、わたしの仕事なんですよ。

## アリバチのなかま
*Dasymutilla occidentalis*

あたいは、英語だと「つやつや毛なみのアリ」ってよばれるけど、ほんとうはハチなのね。大きさは 1.5 センチくらい。**とっても痛い針をもってるわよ。だから「牛殺し」っていわれてる**。そのくらい痛いってことよ。ところで、ハナバチって知ってる？　土の中に巣を作って卵をうむの。あたいらのママは、そういうハチの巣の中に卵をうみつける。そんで、生まれた赤ちゃんは、ハナバチの卵を食べちゃうってわけ。どう？

## ドロバチのなかま
Eumenidae

はねがヘンに細いやろ。半分折りたたまれているからや。アシナガバチのなかまに見えるやろ。ただ、アシナガバチは家族で暮らすけど、うちはたったひとりで暮らす。**ツボみたいな巣を泥で作って、その中にしびれさせたイモムシをつめこむ**。そのイモムシが赤んぼのえさになるわけや。イモムシ狩りをしないときは、体の手入れしたり、花のみつを吸ったりして、のんびりしとるわ。

35

## ツノアオカメムシのなかま
*Loxa flavicollis*

ぼくのなかまはアメリカからカリブ海まで広くすんでいるよ。ぼくはアメリカ南部育ち。アメリカではいちばん大きなカメムシなんだ（といっても2センチくらいだけど）。ピンク色でストローみたいな口が足の間に見えるでしょ。これを植物につきさして汁を吸うんだ。**葉っぱと同じ緑色だから敵に見つかりにくいのさ**。結婚のとき以外はひとりで、ハチみたいにブーンと飛ぶよ。お母さんたちは、葉っぱの裏に卵を固まりみたいにうみつけるよ。

## キリギリスのなかま
Tettigoniidae

おいらがすんでるマダガスカルには、そこでしか見られないヘンな昆虫がいろいろいるぞ。長い触角をもつおいらもそうなんだ。でも、おいらみたいに、葉っぱな姿のキリギリスなら世界中にいるけどね。おいらたちの色や形は植物にみせかけるようにできてるんだ。はしっこが虫にかじられた本物の葉っぱみたいだろ。**動くときも、前へ後ろへ、まるで風にゆれる木の葉みたいに、ゆらゆらしながら歩くぞ。**

## クシヒゲムシのなかま
*Rhipicera femorata*

ぼくの触角、鳥のはねみたいだろ。これはオスだけの特徴で、メスのにおいを探すのに使うんだ。ぼくの大きさは2センチくらいだよ。ぼくらの卵は地面の下にうみつけられる。**生まれた赤ちゃんは土をほって、セミの幼虫を見つけて寄生するんだ。**でも、ほとんどの赤ちゃんはセミを見つけられずに、死んじゃうんだ。悲しい…。だからお母さんはたくさんの卵をうむんだ。1万6000個以上の卵をもっていたお母さんもいたんだよ。

## コブゴミムシダマシのなかま
*Zopherus nodulosus haldemani*

**おれはたぶんいちばん固い虫さ**。おれの鎧は敵から身を守るためだけでなく、体がかわかないようにするためにもある。砂ばくにすんでいるからな。3センチほどある体はがんじょうなのに、ふだんは樹皮の下や、くさった木の下にかくれてる。ここだけの話だが、びっくりすると足をたたんで地面に落っこちて、死んだふりもする。笑わないでくれ。おれは動きがゆっくりだし、飛ぶこともできないから、気をつけてるんだ。虫にしてはとても長生きで、7年生きたヤツもいるぞ。

### オドロハナカマキリ（アフリカメダマカマキリ）
*Pseudocreobotra wahlbergii*

花の上は外から丸見えなので危険なんじゃ。だから、虫たちは、花にまぎれて見つかりにくい色か、派手な色をしているものじゃ。派手な色は、敵に対して「自分はまずいぞ、危ないぞ」と伝えておる。花の上で虫を待ちぶせるわしは、その両方にあてはまるぞ。体は4センチくらいじゃが、**はでな目玉もようで敵をおどかしながら、しまもようで姿をわかりにくくしておる。**わしがカマキリだと気がつかないで花を訪れた虫をサッとつかまえるのじゃ。

## ビワハゴロモのなかま
*Pyrops* sp.

ピーナッツみたいに頭からつき出たところの中身はほとんど空っぽだぜ。これが体と同じ長さにまでのびちまったすげえヤツもいるんだぜ。おいらたちに手を出すと、派手な後ろばねをパッと広げるから気をつけな。後ろばねには水玉や目玉のもようがついてるから敵はびっくりするぜ。体の大きさは5センチくらい。植物の汁を吸って暮らしてるから、人間と関わることはほとんどねえけどな。

41

# キエリアブラゼミ
*Tacua speciosa*

わがはいは東南アジアにいる。**セミのなかでは 1、2 位を争う大きさだ**。はねにはくっきりしたすじがあり、はねを広げると 16 センチにもなる。ところで、セミの赤ちゃんは地下で何年も過ごすことはご存じかな。しかし、地下から出て、はねの生えた大人になるとすぐに死んでしまうのだ。たとえば、わがはいの親せきである、アメリカのジュウシチネンゼミは 13 ～ 17 年も地下で過ごすが、大人になるとほんの数週間しか生きられぬ。ああ…

### ヤンガ属のセミ
*Yanga* sp.

わたくしは、**マダガスカル島だけにいるのよ**。ホホホ。セミの幼虫は木の根に取りついて成長しますわ。鳴くことができるのは大人のオスだけ。夏に耳をふさぎたくなるほどうるさいことがあるでしょ。わたくしたちの口は長い針みたいで、植物から汁を吸うときに使うの。使わないときは、胸にしまいこんでいますわ。セミは世界中に2500種以上もいて、人間さんの食べ物にもされちゃってますのよ。

### ヒナバッタ
*Chorthippus brunneus*

ボクはピンク色をしたヒナバッタの赤ちゃん。たいていの虫は緑か茶色でしょ。敵から見つかりにくいからなんだ。でも、**めったにないけど、ボクみたいにピンク色のバッタやキリギリスが生まれることがあるんだ**。でも、なぜピンク色のものが生まれてくるのかはわかってないんだって。ボクたちのなかまは野原にいて、大きさは2センチくらい。いろんな草をかじってるよ。ふつうは茶色なんだけどね。

## キリギリスのなかま
Tettigoniidae

あら、こんなところにいたの、ベイビー。生まれたてだから、**はねがまだ育ってなくて、どこにあるかわからないのよね**。大人になればはねは大きくなるからね。キリギリスはコオロギのなかまよ。コオロギみたいにはねをこすりあわせて音を出して歌うの。夜になるとおたがいを歌で呼びあうんだから。種類ごとに自分たちの歌があって、歌の速さや音のふるえ具合や調子がちがうのよ。大きくなるのが楽しみね、ベイビー。

### カマキリのなかま
*Cilnia humeralis*

おれはアフリカにいるカマキリだ。体の大きさは7センチ。いまは、ペットとして世界のあちこちで飼われているんだ。ほかのカマキリと同じく、虫やクモをつかまえて食べる。食いしんぼうで、ときにはなかままで食べてしまうのだ。おれたちは待ちぶせて狩りをする。飛びかかれるきょりにえものがやってくるまで動かずにじっとしているのだ。そして**えものが十分近くまで来ると、さっと飛び出して、トゲトゲのついた前足でおさえこむのだ**。どうだ！

### サカダチコノハナナフシ
**Heteropteryx dilatata**

わたしは東南アジアにすんでいます。英語では「ジャングルの妖精（ようせい）」なんて呼ばれてる。ふつうナナフシは木の枝に似てるけど、わたしは似てないわね。わたしは大人だけれど、はねが短くて飛べないわ。オスには大きなはねがあって、飛ぶことができるの。メスは15センチもあって、**身を守るときには逆立ちみたいにおしりを上げて、体をさらに大きく見せるのよ**。相手をびっくりさせる音も出せるわ。全身のトゲも使うわよ。さあ、かかってらっしゃい。

48

## ツノゼミのなかま
*Ophiderma* sp.

オレっちはカメムシやアリマキの親せきさ。あまいしずくを作るので、アリたちが集まってくる。そのかわりアリたちは、オレっちを守ってくれるんだ。さあ、オレっちをよく見てくれ。右に頭があって、そこから**ヘルメット みたいなものが背中へのびてるだろ**。このヘルメット、身をかくすためにも使うんだ。オレっちたちの間では、ヘンテコなヘルメットをもつのが大はやりで、なんとアリ型ヘルメットをもってるヤツもいるんだぞ。

## スズメバチのなかま
Vespidae

体がきれいですって。ありがとう。はねをたたんで体の下にのばしてるから全身が見えてるのね。わたしは働きバチ。働きバチは全員女の子よ。いまは赤ちゃんにご飯をあげようとしているの。わたしがいるのは巣よ。小部屋にいる赤ちゃんがちらっと見えるでしょ。スズメバチの多くはみんなでいっしょに暮らし、みんなで赤ちゃんを育てるわ。巣は紙でできてるの。木の繊維をかんで作るのよ。

## リンネセイボウ
*Chrysis ignita*

セイボウは漢字で書くと「青蜂」でござる。英語では「宝石のように美しいハチ」と呼ぶらしい。おしりもルビー色でござるしな。大きさは1センチほど。わしらはハチなのに針がない。その代わり**体がとても固く、危険がせまると体を丸めて身を守るのじゃ**。わしらはほかの虫に寄生するハチでござる。ほかのハチの巣に入りこんで卵をうむ。生まれた赤ちゃんは巣の卵や食べ物を横取りして成長するでござる。しっけい。

## ヤママユガのなかまの幼虫
Saturniidae

ボクは中央アメリカにすむイモムシだけど、トゲトゲイモムシにはびっくりするほどいろいろなのがいるよ。たいていは明るい色をしているけど、これは人間など、敵に対する警告なんだ。「さすぞ！　どっかいけ！」っていうこと。**トゲには毒がいっぱいつまっていて、さされるととっても痛いよ**。だからボクたちトゲトゲイモムシは大きな敵はこわくないのさ。でも、じつは、小さなアリや寄生バチに弱いんだ…

# ヨーロッパメンガタスズメの幼虫
**Acherontia atropos**

はねを広げると 12 センチもある大きなガの子どもだよ。ぼくも 10 センチくらいあるよ。ヨーロッパとアフリカにいる。ジャガイモのなかまが好きでむしゃむしゃと食べるんだ。ねえ、しっぽを見て！ **ヘンなデコボコかざりがあるでしょ**。めずらしいから何のイモムシかすぐわかるんだ。大人になると、胸の上にドクロみたいなもようができるんだ。だから英語の名前は「ドクロ頭」とついてる。ちょっとこわい？

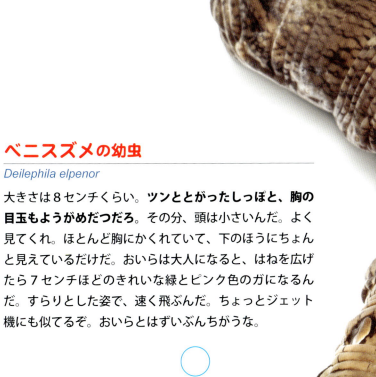

## ベニスズメの幼虫

*Deilephila elpenor*

大きさは8センチくらい。**ツンととがったしっぽと、胸の目玉もようがめだつだろ**。その分、頭は小さいんだ。よく見てくれ。ほとんど胸にかくれていて、下のほうにちょんと見えているだけだ。おいらは大人になると、はねを広げたら7センチほどのきれいな緑とピンク色のガになるんだ。すらりとした姿で、速く飛ぶんだ。ちょっとジェット機にも似てるぞ。おいらとはずいぶんちがうな。

### ウスバカゲロウのなかま（アリジゴクの成虫）
*Palpares libelluloides*

おっかない虫のアリジゴク。それが大人になると、うすいはねでひらひら飛ぶぼくになるんだ。びっくりでしょ。ぼくはヨーロッパのウスバカゲロウさ。大きさは5センチくらい。子どものアリジゴクは、「落書きをする虫」とも呼ばれてる。わなの穴をほるとき、砂の中でぐるぐる円をえがいて進むのが、落書きに見えるんだね。穴は「ろうと」みたいな形で、**落ちたアリや虫を長いあごで串ざしにしたり…、頭で砂を投げてえものを穴に落としたり…**。ほんとにぼくたちの子どもかな？

### キバネツノトンボのなかま
*Libelloides coccajus*

わたしはヨーロッパのキバネツノトンボ。大きさは2.5センチ。ウスバカゲロウの親せきなのね。でも、ウスバカゲロウさんより速く飛ぶわよ。**トンボさんに似た生活をするし、名前もトンボだけど、わたしはサナギになるわ。**トンボはサナギにならないの。幼虫はアリジゴクと似てる。でも穴はほらず、木の幹にかくれて通りかかるえものを待ちぶせするの。わたし、ちょっと派手でしょ。でも、多くのなかまは地味な茶色や灰色で、周りにまぎれて身を守ってるわ。

### スグリシロエダシャクの幼虫
**Abraxas grossulariata**

おいらは3センチくらい。「輪を作るヤツ」とか「尺とり虫」っていわれることがある。「尺」は古い長さのことで、「尺とり」は長さを測るって意味だね。おいらは**輪を作り、長さを測るように動くんだ**。そんなふうに見えないかい？ ほかのイモムシみたいに足を使ってうねるようには進まないぞ。白黒のぶちもようは、大人のガになってもあるんだ。おいらは、ヨーロッパからアジア、日本、北アメリカと広い地域にすんでるぞ。

### アメリカのヤママユガの幼虫
*Hemileuca maia*

**おれのきれいなトゲには毒があるぜ**。さわるととっても痛いし、ひどい湿疹ができたりする。注意しな。おれは北アメリカ東部のクヌギのなかまの木にいるぜ。大きさは3センチ。秋の終わりになってようやく大人になるんだ。大人ははねを広げると6センチある。ほかのガとちがって、おれたちの大人は夜型じゃなく、昼間に活動するぜ。飛ぶのが速いから、つかまえるのは難しいぜ。

## マダガスカルのヤママユガの幼虫
Saturniidae

ぼくは、マダガスカル島にすんでいる。きれいな緑色だろ。そして、黒い斑点が、明るい緑色の丸もようの真ん中にくっきりと見えていて、かっこいいだろ。トゲトゲのイモムシは危ないって？そのとおりさ。いくつかの種類はトゲに毒があって、**さされるとすぐに痛くなったり、湿疹ができたりするからね**。こうした毒はイモムシが食べる植物から作られることが多いんだ。

## サンヨウベニボタルのなかまの幼虫
*Duliticola* sp.

わしは東南アジア生まれ。「サンヨウ」とは、化石で見つかる絶滅動物「三葉虫」のことぞなもし。**三葉虫に似てる**のでこの名がついたが、三葉虫とは無関係で、ベニボタルの幼虫ぞなもし。背中は固いが、お腹はやわらかい。大きさは２センチほど。大人のメスはずっとわしのような姿のまま８センチになる。オスは網目のついた繊細なはねをもつ甲虫になるぞなもし。わしらのなかまの多くは菌類を食べ、めだつ色をしてるぞなもし。

61

### シリアゲムシのなかま
*Panorpa nuptialis*

**おれのしっぽ、サソリみたいだろ**。だから英語では「サソリのような羽虫」っていう。でも、おれのしっぽには毒はない。しっぽは結婚のときに使うもので、毒針じゃないのさ。おれは「メコプテラ」（長いはねという意味）というグループに属してる。そのとおり、はねが長いだろ。広げると 3.6 センチある。おれは生きたものも死んだものも食べるから、環境をきれいにするたいせつな役割を果たしてるんだぜ。そこのところよろしく。

## ホソガガンボのなかま

*Nephrotoma crocata*

ガガンボは世界に1万5000種以上いるぴょん。ぼくはオスだぴょん。はねを広げると3センチ。触角が枝分かれして、おしりがずんぐり太いのが目印だぴょん。メスは土に卵をうみつけ、幼虫は植物の根を食べて生活するぴょん。ぼくらはハエのなかまで、ハエと同じように、**後ろばねが小さな根棒みたいなものに変化してる**。これは「平均棍」という。ほら、左ばねの後ろに見えてるぴょん。

## 新世界のヘビトンボ（クロロニア属）

*Chloronia mexicana*

ぼくの名前にはトンボがついてるけど、トンボじゃないよ。ヘビトンボは、ふつう首が長く、オスには長いきばがあるんだ。でもボクはオスだけど、長いきばをもってないよ。はねを広げると8センチ。新世界の熱帯にすんでいて、**明るい色がじまんさ**。次のページにいるのはなかまのコリダルス属で、彼も新世界のヘビトンボ。彼らはもっと分布が広くて、熱帯だけでなくカナダにもいるみたいだよ。くわしくは彼に聞いてみてね。

### 新世界のヘビトンボ（コリダルス属）
*Corydalus luteus*

おれはメキシコにいるヘビトンボ。羽を広げると10センチある。幼虫は大きなきばをもち、川の中でほかの生き物を食べて生活してる。大きくなると水から出てサナギになり、そして成虫になるんだぞ。おれはオスで、長いきばがある。**実は、かむ力は弱いんだけど、するどいから人の皮ふをつきさすことができるぞ。**メスは水の近くの木の枝に卵をうみつける。魚つりをする人は、おれたちの幼虫をえさに使うんだ。

# この本に出てくる虫

| ページ | 和　名 | 学　名 | 英語名（意味） | 生息地 |
|---|---|---|---|---|
| 6 | ユウレイヒレアシナナフシ | *Extatosoma tiaratum* | Macleay's Spectre（マクレーさんが見つけたお化け） | オーストラリア |
| 7 | クリシギゾウムシのなかま | *Curculio nucum* | Hazelnut Weevil（ヘーゼルナッツのゾウムシ） | ヨーロッパ |
| 8 | オオルリハムシのなかま | *Chrysolina americana* | Rosemary Beetle（ローズマリーの甲虫） | ヨーロッパ |
| 9 | ツツハムシのなかま | *Cryptocephalus* sp. | Case-Making Leaf Beetle（入れ物をつくるハムシ） | ヨーロッパ |
| 10 | シロジュウロクホシテントウ | *Halyzia sedecimguttata* | Orange Ladybird（オレンジ色のテントウムシ） | 日本からヨーロッパ |
| 11 | ゾウムシのなかま | Curculionidae | Weevil（ゾウムシ） | ※ |
| 12 | カメノコハムシのなかま | *Coptocycla texana* | Anacua Tortoise Beetle（アナクアの木につくカメのような甲虫） | アメリカ合衆国南西部 |
| 13 | アオカメノコハムシ | *Cassida rubiginosa* | Thistle Tortoise Beetle（アザミにつくカメのような甲虫） | ヨーロッパから日本 |
| 14 | アカスジカメムシのなかま | *Graphosoma lineatum* | Minstrel Bug（吟遊詩人カメムシ） | 南ヨーロッパ全域 |
| 15 | オオカメムシのなかま | *Pygoplatys* sp. | Shield Bug（盾のようなカメムシ） | 東南アジア |
| 16 | ルリハムシのなかま | *Chrysolina fastuosa* | Dead-Nettle Leaf Beetle（ヒメオドリコソウを食べるハムシ） | ヨーロッパからシベリア |
| 17 | ニジイロダイコクコガネのなかま | *Phanaeus difformis* | Rainbow Scarab（虹色のフンコロガシ） | アメリカ合衆国とメキシコ |
| 18 | キンカメムシのなかま | *Calidea dregii* | Rainbow Shield Bug（虹色の盾を背負ったカメムシ） | アフリカ |
| 19 | ナガメのなかま | *Eurydema oleracea* | Brassica Bug（アブラナのカメムシ） | ヨーロッパからロシア |
| 20 | カメムシの赤ちゃん | Pentatomidae | Stink Bug Nymphs（カメムシの赤ちゃん） | ※ |
| 21 | オオカメムシのなかま | *Pycanum rubens* | Pink Stink Bug（ピンク色のくさい虫） | 東南アジア |
| 22 | ティティウスシロカブト | *Dynastes tityus* | Eastern Rhinoceros Beetle（東のカブトムシ） | 北アメリカ |
| 23 | カブトムシ | *Allomyrina dichotoma* | Japanese Rhinoceros Beetle（日本のカブトムシ） | 日本 |
| 24 | ハンミョウのなかま | *Cicindela hybrida* | Tiger Beetle（ハンミョウ） | ヨーロッパからシベリア |
| 25 | ムツモンミドリハンミョウ | *Cicindela sexguttata* | Six-Spotted Tiger Beetle（6つの斑点があるハンミョウ） | 北アメリカ |
| 26 | クチブトゾウムシのなかま | *Otiorhynchus gemmatus* | Scopoli's Weevil（スコポリさんが見つけたゾウムシ） | ヨーロッパ |
| 27 | キリンオトシブミ | *Trachelophorus giraffa* | Giraffe-Necked Weevil（キリンのような長い首をもつゾウムシ） | マダガスカル島 |
| 28 | カミキリムシのなかま | Cerambycidae | Longhorn Beetle（長い角の甲虫） | ※ |
| 29 | キムネカミキリモドキのなかま | *Oedemera nobilis* | Thick-Legged Flower Beetle（花にやってくるふくらんだ足の甲虫） | ヨーロッパ |
| 30 | バイオリンムシ | *Mormolyce phyllodes* | Violin Beetle（バイオリンのような甲虫） | 東南アジア |
| 31 | フタモンホシカメムシのなかま | *Pyrrhocoris apterus* | Firebug（火のカメムシ） | ヨーロッパ、北アメリカ |
| 32 | ブルドッグアリ | *Myrmecia* sp. | Bulldog Ant（闘犬アリ） | オーストラリア |
| 33 | ハキリアリのなかま | *Atta* sp. | Leafcutter Ant（葉っぱを切るアリ） | 南アメリカ |
| 34 | アリバチのなかま | *Dasymutilla occidentalis* | Red Velvet Ant（赤いつやつや毛並みのアリ） | 北アメリカ |
| 35 | ドロバチのなかま | Eumenidae | Solitary Wasp（ひとりで生活するハチ） | ※ |

「※」印は複数種を話題にしているので生息地がしぼれないもの

| ページ | 和　名 | 学　名 | 英語名（意味） | 生息地 |
|---|---|---|---|---|
| 36 | ツノアオカメムシのなかま | *Loxa flavicollis* | Green Stink Bug（緑のくさい虫） | アメリカからカリブ海まで |
| 37 | キリギリスのなかま | Tettigoniidae | Leaf-Mimic Katydid（葉っぱに化けるキリギリス） | マダガスカル島 |
| 38 | クシヒゲムシのなかま | *Rhipicera femorata* | Feather Horned Beetle（鳥の羽毛のような触角をもつ甲虫） | 北アメリカ |
| 39 | コブゴミムシダマシのなかま | *Zopherus nodulosus haldemani* | Ironclad Beetle（装甲戦艦甲虫） | アメリカテキサス州、メキシコ |
| 40 | オドロハナカマキリ（アフリカメダマカマキリ） | *Pseudocreobotra wahlbergii* | Spiny Flower Mantis（トゲのある花カマキリ） | アフリカ |
| 41 | ビワハゴロモのなかま | *Pyrops* sp. | Lanternfly（明かりをもって飛ぶ虫） | 東南アジア |
| 42 | キエリアブラゼミ | *Tacua speciosa* | Giant Cicada（大きなセミ） | 東南アジア |
| 43 | ヤンガ属のセミ | *Yanga* sp. | Cicada（セミ） | マダガスカル島 |
| 44 | ヒナバッタ | *Chorthippus brunneus* | Field Grasshopper（原っぱのバッタ） | ヨーロッパから日本 |
| 45 | キリギリスのなかま | Tettigoniidae | Green Katydid（緑のキリギリス） | ※ |
| 46 | カマキリのなかま | *Cilnia humeralis* | Wide-Armed Mantis（広いうでをもつカマキリ） | アフリカ |
| 48 | サカダチコノハナフシ | *Heteropteryx dilatata* | Jungle Nymph（ジャングルの妖精） | 東南アジア |
| 49 | ツノゼミのなかま | *Ophiderma* sp. | Treehopper（木の上でとびはねる虫） | ※ |
| 50 | スズメバチのなかま | Vespidae | Social Wasp（社会性のスズメバチ） | ※ |
| 51 | リンネセイボウ | *Chrysis ignita* | Ruby-Tailed Wasp（ルビー色のしっぽをもつハチ） | ヨーロッパから日本、北アメリカ、北アフリカ |
| 52 | ヤママユガのなかまの幼虫 | Saturniidae | Stinging Caterpillar（毒針で刺すイモムシ） | 中央アメリカ |
| 54 | ヨーロッパメンガタスズメの幼虫 | *Acherontia atropos* | Death's Head Caterpillar（ガイコツ頭のイモムシ） | ヨーロッパ、アフリカから東南アジア |
| 55 | ベニスズメの幼虫 | *Deilephila elpenor* | Elephant Hawkmoth Caterpillar（ゾウのようなスズメガのイモムシ） | ヨーロッパから日本 |
| 56 | ウスバカゲロウのなかま（アリジゴクの成虫） | *Palpares libelluloides* | Antlion（アリを食べるライオン） | ヨーロッパ |
| 57 | キバネツノトンボのなかま | *Libelloides coccajus* | Owlfly（フクロウのような飛ぶ虫） | ヨーロッパ |
| 58 | スグリシロエダシャクの幼虫 | *Abraxas grossulariata* | Magpie Moth Caterpillar（カササギのようなぶちもようのイモムシ） | ヨーロッパからアジア、日本、北アメリカ |
| 59 | アメリカのヤママユガの幼虫 | *Hemileuca maia* | Buck Moth Caterpillar（シカのガのイモムシ） | 北アメリカ東部 |
| 60 | マダガスカルのヤママユガの幼虫 | Saturniidae | Giant Silk-Moth Caterpillar（絹を作る大きなガのイモムシ） | マダガスカル島 |
| 61 | サンヨウベニボタルのなかまの幼虫 | *Duliticola* sp. | Trilobite Beetle（三葉虫甲虫） | 東南アジア |
| 62 | シリアゲムシのなかま | *Panorpa nuptialis* | Scorpionfly（サソリのような飛ぶ虫） | 北アメリカ |
| 63 | ホソガガンボのなかま | *Nephrotoma crocata* | Crane Fly（ツルのような飛ぶ虫） | ヨーロッパ、ロシア |
| 64 | 新世界のヘビトンボ（クロロニア属） | *Chloronia mexicana* | Dobsonfly（ドブソンさんの飛ぶ虫） | メキシコとグアテマラ |
| 65 | 新世界のヘビトンボ（コリダルス属） | *Corydalus luteus* | Dobsonfly（ドブソンさんの飛ぶ虫） | メキシコ、北アメリカ |

**67**

## ■著者
マイケル・ウォレック（Michael Worek）
幼いころから自然にずっと興味をもちつづけている編集者。

## ■訳者
北村 雄一（きたむら ゆういち）
サイエンスライター兼イラストレーター。恐竜、進化、系統学、深海生物などのテーマに関する作品をおもに手がける。日本大学農獣医学部卒。著書に『深海生物ファイル』（ネコ・パブリッシング）、『ありえない!? 生物進化論』（サイエンス・アイ新書）、『謎の絶滅動物たち』（大和書房）などがある。『ダーウィン「種の起源」を読む』（化学同人）で科学ジャーナリスト大賞 2009 を受賞。

---

けったいな生きもの
# おもろい 虫

---

2017 年 12 月 25 日　第 1 刷　発行

訳　者　北村　雄一
発行者　曽根　良介
発行所　（株）化学同人

〒600-8074 京都市下京区仏光寺通柳馬場西入ル
編集部 TEL 075-352-3711　FAX 075-352-0371
営業部 TEL 075-352-3373　FAX 075-351-8301
振　替　01010-7-5702
E-mail　webmaster@kagakudojin.co.jp
URL　https://www.kagakudojin.co.jp

印刷・製本　（株）シナノパブリッシングプレス

検印廃止

**JCOPY**　〈（社）出版者著作権管理機構委託出版物〉
本書の無断複写は著作権法上での例外を除き禁じられています．複写される場合は，そのつど事前に，（社）出版者著作権管理機構（電話 03-3513-6969，FAX 03-3513-6979，e-mail: info@jcopy.or.jp）の許諾を得てください．

本書のコピー，スキャン，デジタル化などの無断複製は著作権法上での例外を除き禁じられています．本書を代行業者などの第三者に依頼してスキャンやデジタル化することは，たとえ個人や家庭内の利用でも著作権法違反です．

Printed in Japan ©Yuichi Kitamura 2017 無断転載・複製を禁ず．
乱丁・落丁本は送料小社負担にてお取りかえします．

ISBN978-4-7598-1953-3